Dr. Snehal Dewalkar
Dr. Vishal Panse
Dr. Antomi Saregar

Construir um futuro mais verde através da gestão sustentável das águas residuais

AF569127

Dr. Snehal Dewalkar
Dr. Vishal Panse
Dr. Antomi Saregar

Construir um futuro mais verde através da gestão sustentável das águas residuais

Arquitectando o futuro sustentável: Conceção, Análise e Alocação Estratégica do Sistema DOSIWAM em Edifícios de Grande Porte

ScienciaScripts

Imprint
Any brand names and product names mentioned in this book are subject to trademark, brand or patent protection and are trademarks or registered trademarks of their respective holders. The use of brand names, product names, common names, trade names, product descriptions etc. even without a particular marking in this work is in no way to be construed to mean that such names may be regarded as unrestricted in respect of trademark and brand protection legislation and could thus be used by anyone.

Cover image: www.ingimage.com

This book is a translation from the original published under ISBN 978-620-7-48331-0.

Publisher:
Sciencia Scripts
is a trademark of
Dodo Books Indian Ocean Ltd. and OmniScriptum S.R.L publishing group

120 High Road, East Finchley, London, N2 9ED, United Kingdom
Str. Armeneasca 28/1, office 1, Chisinau MD-2012, Republic of Moldova, Europe
Printed at: see last page
ISBN: 978-620-8-11065-9

Copyright © Dr. Snehal Dewalkar, Dr. Vishal Panse, Dr. Antomi Saregar
Copyright © 2024 Dodo Books Indian Ocean Ltd. and OmniScriptum S.R.L publishing group

ÍNDICE

CAPÍTULO 1
INTRODUÇÃO

1.1. Introdução

O tratamento e a eliminação das águas residuais são os factores que mais contribuem para a poluição dos nossos recursos hídricos. O CPCB (Central Pollution Control Board), numa avaliação das estações de tratamento de águas residuais em todo o país, revelou o enorme fosso entre as águas residuais produzidas e as estações de tratamento de águas residuais instaladas. Estima-se que sejam produzidos 62 000 milhões de litros por dia (MLD) de águas residuais nas zonas urbanas, enquanto a capacidade de tratamento em toda a Índia é de apenas 23 277 MLD. Uns espantosos 70% das águas residuais geradas nas zonas urbanas da Índia não são tratadas e são despejadas aleatoriamente em rios, mares, lagos e poços, poluindo três quartos das massas de água do país. O funcionamento e a manutenção da capacidade de tratamento existente não são satisfatórios, sendo que 39% das estações não cumprem as regras ambientais para a descarga nos cursos de água.

O aumento do número de estações de tratamento não irá aliviar o problema das águas residuais. Assim, a necessidade do momento é desenvolver um sistema nas áreas urbanas para tratar e reciclar a água no local e que seja sustentável, eficiente e económico para resolver o problema da produção e tratamento de águas residuais. Um desses sistemas é o Sistema DOSIWAM (Gestão Descentralizada e Integrada de Resíduos no Local) desenvolvido pelo Dr. S.V. Mapuskar. O conceito fundamental do sistema DOSIWAM é o tratamento rentável, a reutilização e a reciclagem das águas residuais na própria fonte de produção.

O estudo da viabilidade destes sistemas no contexto de um ambiente urbano é a base deste projeto. O projeto estuda a instalação dos métodos de tratamento de águas residuais desenvolvidos pelo Dr. Mapuskar num edifício residencial de vários andares e a quantificação da poupança de água e dos benefícios ambientais que este sistema proporciona. O termo "piso ambiental" é cunhado para ser proposto como um piso extra no edifício especialmente para alojar as unidades de tratamento em níveis intermitentes ao longo da altura do edifício.

A área de estudo deste projeto é a conceção do sistema DOSIWAM, a análise do sistema com software, a modelação 3D, a atribuição efectiva e a estimativa do mesmo.

1.1.1 Funcionamento do sistema DOSIWAM

O sistema DOSIWAM é composto por um tanque de estabilização de águas cinzentas, um tanque digestor de lamas de águas negras e um tanque de armazenamento de águas claras.

1.1.1.1. Tanque de estabilização -

É um tanque de tratamento de águas cinzentas baseado na gravidade. O reservatório é composto por vários compartimentos, dos quais 5 principais e 5 subcompartimentos. Em cada compartimento existem aberturas para o fluxo de águas cinzentas de um compartimento para outro. Existem entradas e saídas para a entrada e saída de água. O tempo de detenção deste tanque é de 5 dias. Neste processo de tratamento, as lamas acumulam-se durante o período de detenção e a água limpa flui através das aberturas previstas para a saída.

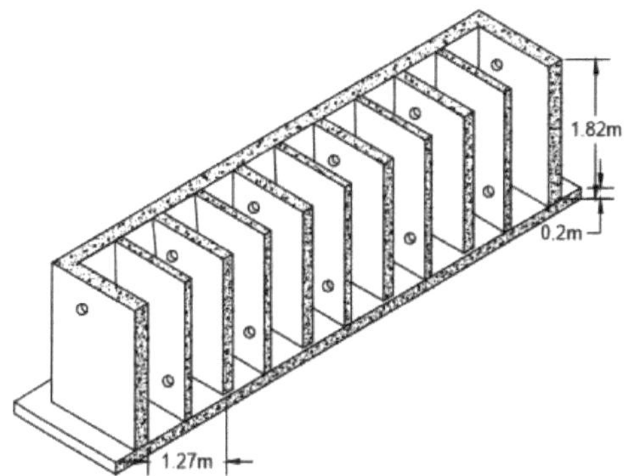

Fig. 1.1 Tanque de estabilização

1.1.1.2. Tanque digestor de lamas -

Trata-se de um tanque de tratamento de águas negras baseado na gravidade. O tanque é composto por 3 compartimentos principais, nomeadamente a câmara de entrada, a câmara de deslocação e a câmara de saída, respetivamente. Em cada compartimento existem aberturas para o fluxo de águas negras de um compartimento para o outro. As entradas, as saídas de gás, as saídas de lamas e os respiradouros estão previstos para a entrada e a saída. O tempo de detenção deste tanque é de 45 dias. Neste processo de tratamento, as lamas são digeridas e formam biogás durante o período de detenção e as lamas tratadas fluem através das aberturas previstas para a saída.

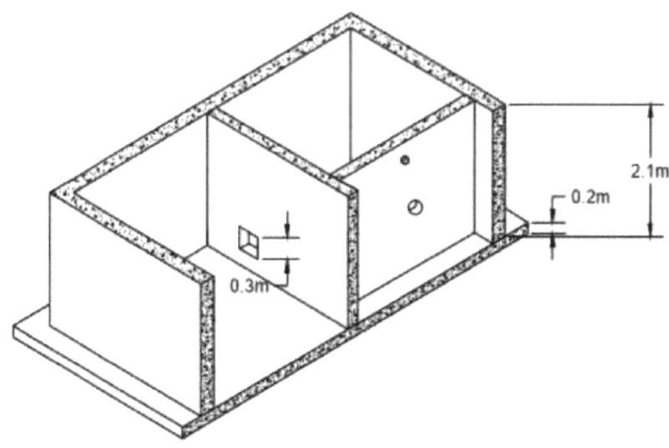

Fig. 1.2 Tanque do digestor de lamas

1.1.1.3. **Tanque de armazenamento -**

Trata-se de um reservatório de água limpa. As entradas e saídas estão previstas para a entrada e saída de água limpa. A capacidade do tanque de armazenamento é de meio dia. A água tratada do tanque de estabilização é armazenada neste tanque. Esta água é reutilizada para vários fins, como lavagem de carros, autoclismos, jardinagem, etc.

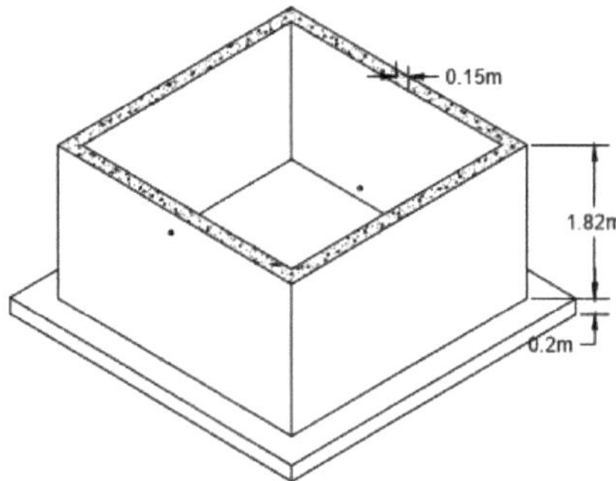

Fig. 1.3 Depósito de armazenagem

1.1.2. Instalação do sistema DOSIWAM

Todo o sistema DOSIWAM será instalado no subsolo e nos pisos ambientais que são designados como pisos de refúgio. Os andares que estão vazios para a saída de incêndio serão utilizados para a instalação do sistema DOSIWAM, reservando a área necessária para a saída de incêndio. Os pisos vagos são designados por pisos de refúgio. A distribuição dos pisos de refúgio é efectuada de acordo com as normas governamentais.

1.2. Declaração do problema

Observou-se que a água não tratada nas zonas urbanas é um problema muito mais complicado e importante, que está a causar o seu próprio conjunto de efeitos adversos no habitat humano. As soluções de tratamento convencionais requerem uma gestão importante, fontes de energia e são prejudiciais para o ambiente. A conceção sustentável e económica de estações de tratamento de águas residuais é necessária numa base individual nas zonas urbanas. Assim, estão a ser realizados estudos de conceção, análise, modelação, atribuição eficaz e estimativa.

1.3. Âmbito do trabalho do projeto

1. As águas residuais geradas em edifícios residenciais têm de ser tratadas na fonte, de modo a reduzir os seus impactos ambientais e a carga sobre as estações de tratamento de águas residuais municipais. O tratamento no local é a melhor solução para minimizar eficazmente estes impactes.
2. O sistema de tratamento utilizado não é mecanizado e tem várias vantagens, tanto tangíveis como intangíveis. A viabilidade do digestor de Malaprabha e do tanque de estabilização num edifício de vários andares com pisos ambientais intermitentes é estudada e os mesmos são projectados de acordo com os requisitos do edifício.
3. A reutilização da água tratada para várias utilizações não consumptivas é estudada numa tentativa de alcançar a máxima eficiência hídrica. As alterações estruturais devidas às cargas hidrostáticas nas unidades de tratamento são analisadas e as correspondentes alterações no desempenho sísmico das unidades de STP são estudadas. Assim, os elementos são também projectados para as referidas alterações.
4. Conceção do sistema DOSIWAM para o transporte das águas residuais conceção e localização das unidades de ETAR.

CAPÍTULO 2
CONCEPÇÃO DO SISTEMA DOSIWAM

2.1. Informações gerais sobre o projeto em curso

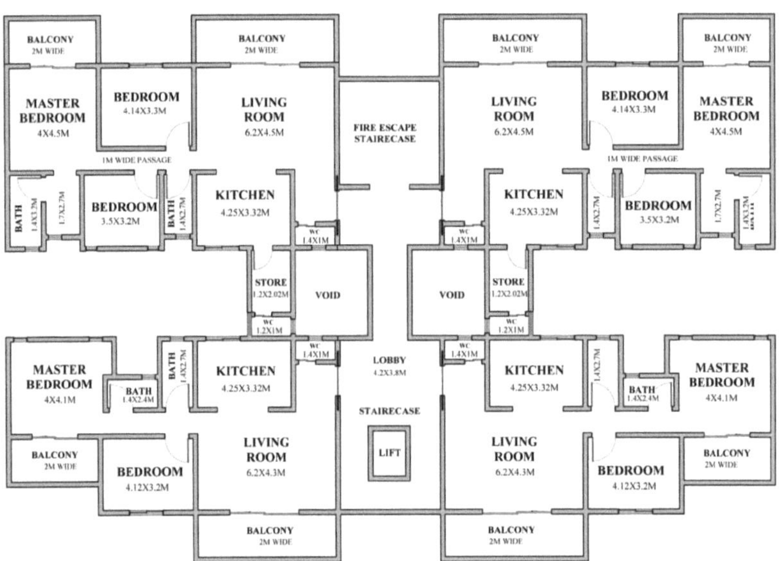

Fig. 2.1 Planta do edifício do projeto

1. N.º de pisos: G **+32.**
2. N.º de apartamentos por piso :**4**
3. Área de cada piso: **7000** pés^2
4. Altura de cada piso: 3m
5. Altura total do edifício: **105.**6m
6. Área de cada apartamento: **1500** pés$^{2.}$

2.2. Normas da zona de refúgio

De acordo com as regras de controlo do desenvolvimento das empresas municipais das classes A, B, C e D,

1. Para os edifícios com mais de 24 m de altura, deve ser prevista uma área de refúgio de 15 m2 ou uma área equivalente a 0,3 m2 Por pessoa, para acomodar os ocupantes de dois pisos consecutivos, consoante o que for mais elevado, deve ser prevista da seguinte forma.
2. A zona de refúgio deve estar situada na periferia do pavimento ou, de preferência, numa saliência em consola, aberta ao ar, pelo menos num dos lados, e protegida por grades adequadas.
   a) Para pisos acima de 24 m e até 39 m - Uma área de refúgio no piso imediatamente acima de 24 m.
   b) Para pisos acima de 39 m - uma área de refúgio no piso imediatamente acima de 39 m e assim sucessivamente a cada 15 m. A área de refúgio disponibilizada para além dos requisitos deve ser contabilizada para efeitos de FAR...

2.3. Cálculo da área de refúgio

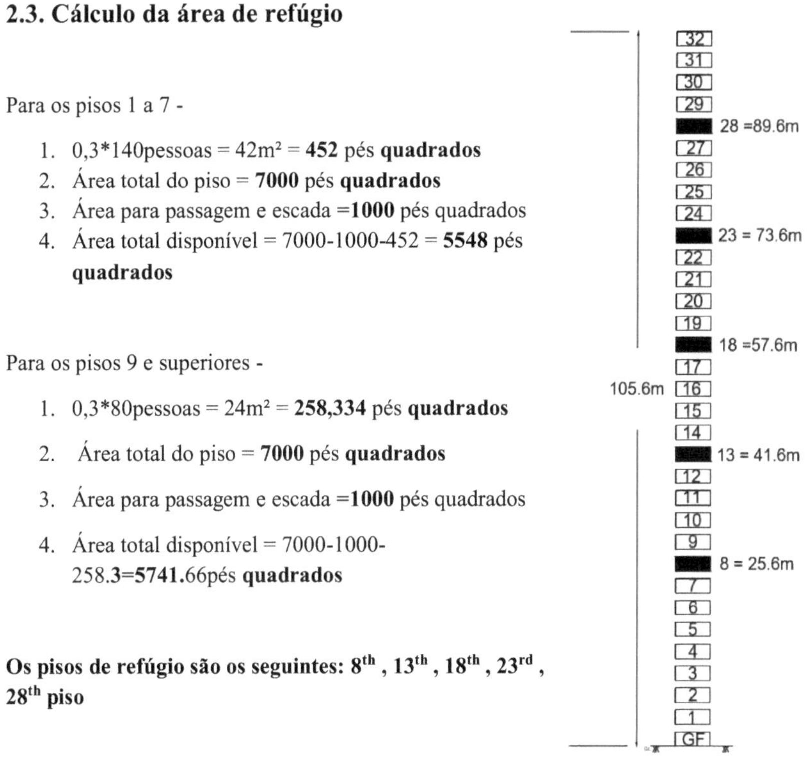

Para os pisos 1 a 7 -

1. 0,3*140pessoas = 42m² = **452** pés **quadrados**
2. Área total do piso = **7000** pés **quadrados**
3. Área para passagem e escada =**1000** pés quadrados
4. Área total disponível = 7000-1000-452 = **5548** pés **quadrados**

Para os pisos 9 e superiores -

1. 0,3*80pessoas = 24m² = **258,334** pés **quadrados**
2. Área total do piso = **7000** pés **quadrados**
3. Área para passagem e escada =**1000** pés quadrados
4. Área total disponível = 7000-1000-258.**3=5741.**66pés **quadrados**

Os pisos de refúgio são os seguintes: 8th , 13th , 18th , 23rd , 28th piso

Fig. 2.2 Cálculos de pisos de refúgio de acordo com as normas

2.4. Distribuição dos pisos de refúgio

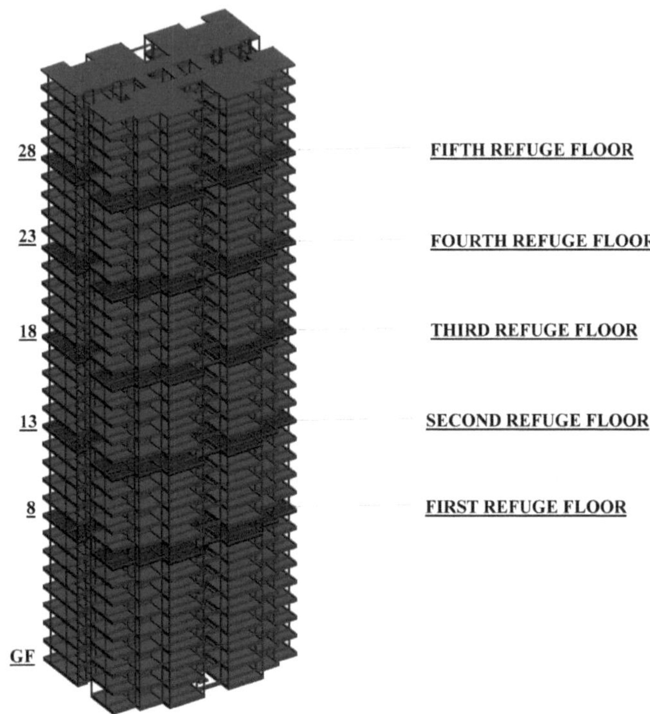

Fig. 2.3 Distribuição do piso de refúgio

2.5. Conceção manual do sistema DOSIWAM

Para o sistema subterrâneo (pisos 1 a 7)

1. N.º de pisos = **7**
2. N.º de apartamentos por piso = **4**
3. N.º de membros por apartamento = **5**
4. N.º total de apartamentos = **28**
5. Número total de membros = **140**

Tabela. 1 Cálculos de área para sistema subterrâneo

Parâmetro	**Água negra**	**Água cinzenta**
1) População	**140**	**140**
2) Produção de águas residuais per capita	**45** lpcd	**110** lpcd
3) Produção total de águas residuais	**6300** litros/dia	**15400** litro/dia
4) Tempo de detenção	**45** dias	**5** dias
5) Profundidade	**1.82** m	**1.524** m
6) Área	**156** m^2	**71.**19m^2

Conceção do tanque de estabilização -

1. Chorume + Água cinzenta = (110*140)+6300 = **21700** litros/dia
2. Tempo de detenção = **5** dias
3. Quantidade total = **108500** litros = **108,5** cu. m
4. Área = 108,5/1,524= **71,19** m2 ___(considerar profundidade = **1,524** m)

Dimensões da cuba de estabilização -

Para 4 tanques de estabilização -

1. Área para um tanque = 71,19/4 = **17,79** m2
2. Dimensões- ________(considere l=3b e tábua livre = 0,3m)

L = 6,60 m B = 2,23 m H = 1,82 m

O tanque de estabilização é composto por um total de 5 compartimentos principais e 5 subcompartimentos, como mostra a figura 3.4.

1. Comprimento de cada compartimento - **1,34** m
2. Diâmetro de entrada e diâmetro de saída - **10** cm
3. Aberturas dos compartimentos internos - **15** cm

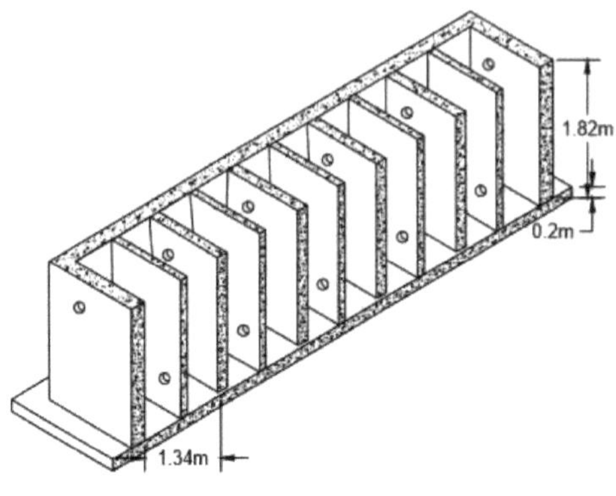

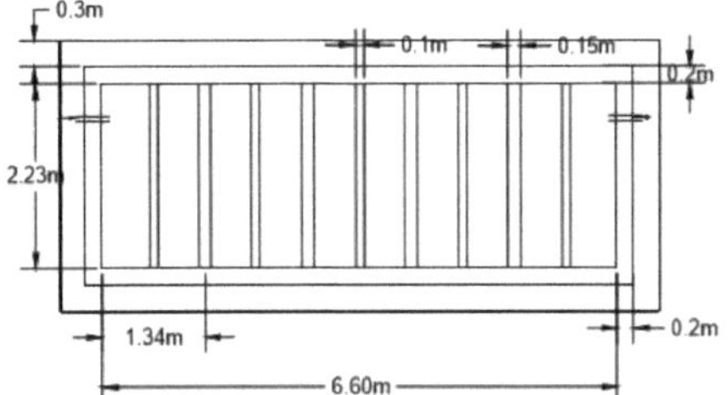

Fig. 2.4. Tanque de estabilização subterrâneo com planta e secção

<u>Conceção do tanque do digestor</u>

Para Água Negra-

1. Tempo de detenção = **45** dias
2. Quantidade total = **283500** litros = **283,5** cu. m
3. Área = 283,5/1,82 = **156** m2 ______(considerar profundidade = **1,82** m)

Dimensões de 4 tanques digestores-

Para 4 depósitos -

1. Área para um tanque = 156/4 = 39m2
2. Dimensões- ________(considerar l=b & tábua livre = 0,3m)

L = 6,24m B = 6,24 m H = 2,1 m

O tanque digestor de lamas é constituído por um total de 3 compartimentos principais, como se mostra na fig. n.º. 3.5.

1. Dimensões do compartimento principal = **3,12X6,24** m
2. Dimensões do compartimento secundário = **3,12X3,12** m

3. Diâmetro do tubo de entrada = **10** cm
4. Diâmetro de saída = **10** cm
5. Saída de gás = **7,5** cm
6. Diâmetro do tubo de ventilação = **5** cm (ao nível da saída)
7. Abertura 1 = **30X30** cm à distância de 22,5 cm do fundo.
8. Abertura 2 = **10** cm de diâmetro a uma distância de 70 cm do fundo.

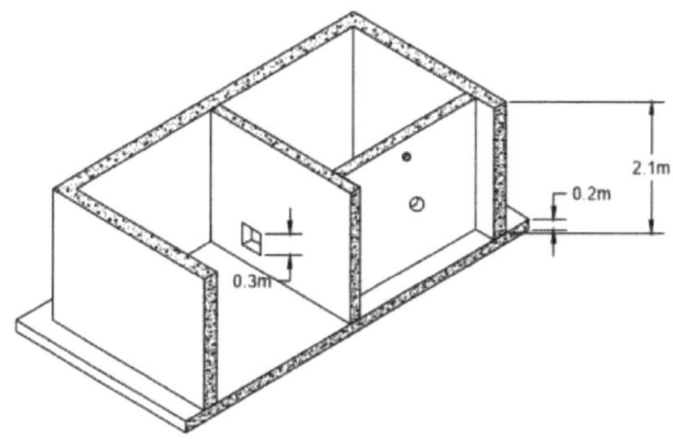

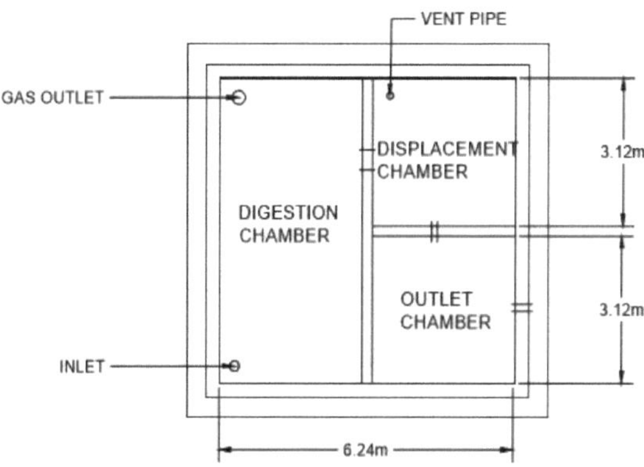

Fig. 2.5. Tanque digestor de lamas subterrâneo com planta e secção

<u>**Conceção do depósito de armazenagem -**</u>

Para 3 depósitos de armazenagem -

1. Volume total = **108,76** cu.m

De acordo com os critérios de projeto, considerar o fluxo de meio dia para o tanque de armazenamento.

2. Volume de água = **55** cu.m

Dimensões para 3 depósitos de armazenagem -

1. Volume para um tanque de armazenamento = 55/3 = **18,33** cu. m
2. Área de um tanque = 18,33/1,524 =12,**02** m2
3. Dimensões- ________(considerar l=b & tábua livre = 0,3m)

L= 3,5 m B = 3,5 m H = 1,82 m

As dimensões do depósito de armazenamento são apresentadas na figura 3.6.

1. Diâmetro de entrada e diâmetro de saída = **5** cm

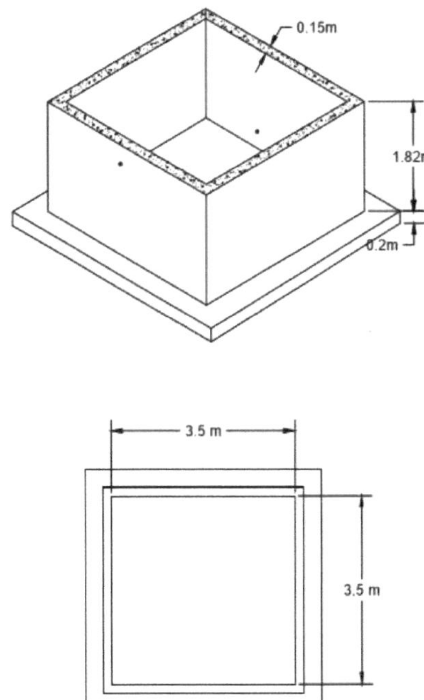

Fig. 2.6. Tanque de armazenamento subterrâneo com planta e secção

<u>Para o sistema Floor (pisos 9 e superiores)</u>

1. N.º de pisos = **4**
2. N.º de apartamentos por piso = **4**

3. N.º de membros por apartamento = **5**

4. N.º total de apartamentos = **16**

5. N.º total de membros = **80**

Tabela 2. Cálculos de área para o sistema de pavimento

Parâmetro	Água negra	Água cinzenta
1) População	**80**	**80**
2) Produção de águas residuais per capita	**45** lpcd	**110** lpcd
3) Produção total de águas residuais	**3600** litro/dia	**8800** litro/dia
4) Tempo de detenção	**45** dias	**5** dias
5) Profundidade	**1.82** m	**1.524** m
6) Área	**89,06m²**. m	**40,68m²**. m

<u>Conceção do tanque de estabilização -</u>

Para águas cinzentas-

1. Chorume + Água cinzenta = (110*80)+3600 = **12400** litros/dia
2. Tempo de detenção = **5** dias
3. Quantidade total = 62000 litros = **62** cu. m
4. Área = 62/1,524 = **40,68** m2 ___(considerar profundidade = **1,524** m)

<u>Dimensões da cuba de estabilização -</u>

Para 3 tanques de estabilização -

1. Área para um tanque = 40,68/3 = **13,56** m2
2. Dimensões- ________(considerar l=3b)

L = 6,37 m B = 2,12m H = 1,82 m

O tanque de estabilização é composto por um total de 5 compartimentos principais e 5 subcompartimentos, como mostra a fig. 3.7.

1. Comprimento de cada compartimento - **1,27** m

2. Diâmetro de entrada e diâmetro de saída - **10** cm
3. Aberturas dos compartimentos internos - **15** cm

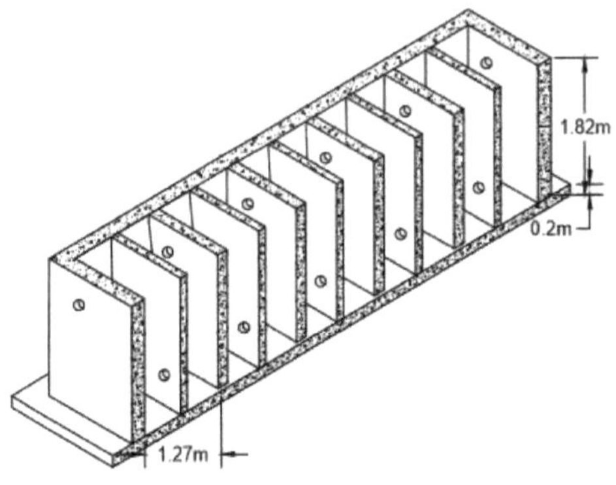

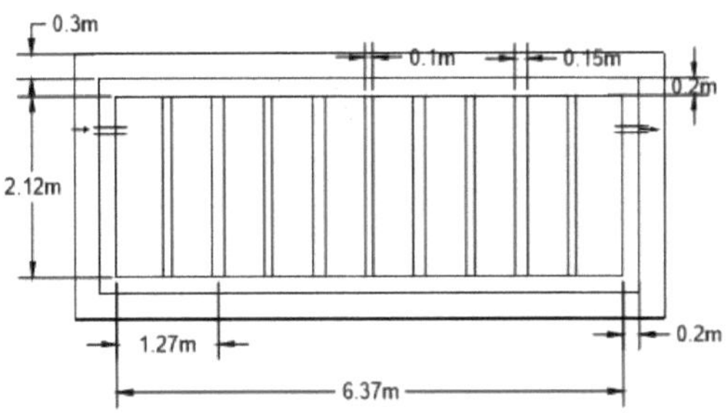

Fig. 2.7. Tanque de estabilização do pavimento com planta e secção

<u>Conceção do tanque do digestor</u>

Para Água Negra-

1. Tempo de detenção = **45** dias
2. Quantidade total = 162000lit = **162** cu. m
3. Área = 162/1,82= **89,01**m² ______(considerar profundidade = **1,82** m)

Dimensões de 3 tanques digestores-

Para 3 tanques -

1. Área para um tanque = 89,01/3 = **29,67m²**.
2. Dimensões- ________(considerar l=b & tábua livre = 0,3m)

L = 5,5m B = 5,5m H = 2,1m

O tanque digestor de lamas é constituído por um total de 3 compartimentos principais, como se mostra na fig. n.º. 3.8.

1. Dimensões do compartimento principal = **2,75X5,5** m
2. Dimensões do compartimento secundário = **2,75X2,75** m
3. Diâmetro do tubo de entrada = **10** cm
4. Diâmetro de saída = **10** cm
5. Saída de gás = **7,5** cm
6. Diâmetro do tubo de ventilação = **5** cm (ao nível da saída)
7. Abertura 1 = **30X30** cm à distância de 22,5 cm do fundo.
8. Abertura 2 = **10** cm de diâmetro a uma distância de 70 cm do fundo.

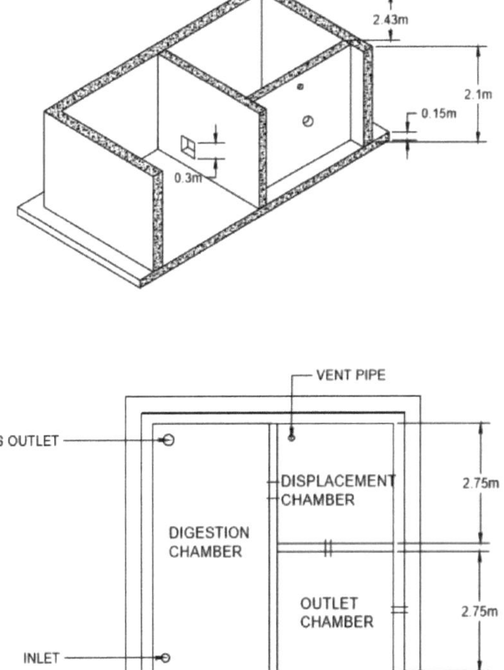

Fig. 2.8. Tanque digestor de lamas de pavimento com planta e secção

Conceção do reservatório de armazenagem -

Para 3 depósitos de armazenagem -

1. Volume total = **62** cu.m

De acordo com os critérios de projeto, considerar o fluxo de meio dia para o tanque de armazenamento.

2. Volume de água = **31** cu.m

Dimensões para 3 depósitos de armazenagem -

1. Volume para um tanque de armazenamento = 31/3 = **10,33** cu. m
2. Área para um tanque = 10,33/1,524 = **6,77** m2
3. Dimensões- ________(considerar l=b & tábua livre = 0,3m)

L= 2,6 m B = 2,6 m H = 1,82 m

As dimensões do depósito de armazenamento são apresentadas na figura 3.10.

1. Diâmetro de entrada e diâmetro de saída = **5** cm

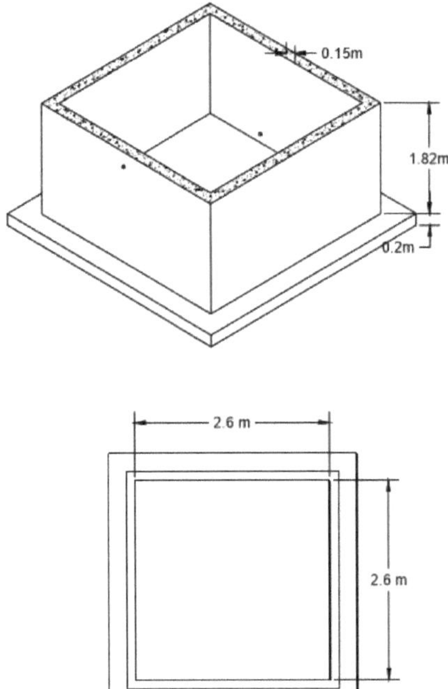

Fig. 2.9. Tanque de armazenamento no solo com planta e secção

CAPÍTULO 3
ANÁLISE E CONCEPÇÃO DO SISTEMA DOSIWAM COM SOFTWARE

3.1. Introdução de software

- Nome do software - STAAD.PRO
- Versão - V8i
- Informações - Staad.Pro significa Programa de análise e projeto estrutural. É amplamente utilizado como parte da análise estrutural e do projeto de estruturas. Acompanha um ambiente de modelação adaptável, funcionalidades avançadas e colaboração de dados sem problemas. É um software de análise e projeto estrutural mundial que apoia o código indiano e todos os códigos globais.

3.2. Etapas envolvidas na análise e conceção

1. Geração de modelos -
Criação de modelos baseada em menus de interação com criação simultânea de gráficos 2D e 3D utilizando quadros de coordenadas rectangulares e polares de geometria redundante utilizados para produzir modelos estruturais complexos.

2. Fornecimento de cargas, propriedades e apoios
Nesta etapa, as propriedades básicas, os tipos de apoios e as cargas são atribuídos ao modelo 3D gerado.

3. Análise estrutural do modelo
O modelo é analisado estruturalmente. Fornecerá todas as informações relativas a cargas, apoios, nós, deslocamentos, etc.

4. Conceção estrutural
Nesta fase, todo o projeto de betão, madeira e alumínio é realizado de acordo com os vários códigos fornecidos. Os vários parâmetros de projeto são atribuídos ao modelo, o que ajuda a projetar o modelo da forma menos eficaz possível.

5. Análise estática
A análise 2D/3D do modelo concebido fornece resultados sobre as forças, deslocações, tensões, deformações e distribuição dos materiais. Fornece informações sobre a estabilidade estática do modelo.

3.3. Análise e projeto do reservatório de estabilização subterrâneo

Grau dos materiais

Grau de betão	**M25**
Grau de aço	**FE415**

Espessura da placa

Prumo	Nó A (cm)	Nó B (cm)	Nó C (cm)	Nó D (cm)	Material
1	10.000	10.000	10.000	10.000	CONCRETO
2	15.000	15.000	15.000	15.000	CONCRETO
3	20.000	20.000	20.000	20.000	CONCRETO

Materiais

Tapete	Nome	E (kN/mm)^2	Ʋ	Densidade (kg/m)^3	α (/°C)
1	**AÇO**	205.000	0.300	7.83E+3	12E -6
2	**AÇO INOXIDÁVEL**	197.930	0.300	7.83E+3	18E -6
3	**ALUMÍNIO**	68.948	0.330	2.71E+3	23E -6
4	**CONCRETO**	21.718	0.170	2.4E+3	10E -6

Casos de carga básicos

Número	Nome
1	CARGA MORTA
2	PRESSÃO DO SOLO
3	CARGA DE ÁGUAS CINZENTAS
4	SOBREVIVÊNCIA

Casos de carga combinada

Pentear.	Combinação L/C Nome	Primário	Nome da L/C principal	Fator
5	CASO DE CARGA COMBINADA 5	1	CARGA MORTA	1.50
		2	PRESSÃO DO SOLO	1.50
		4	SOBREVIVÊNCIA	1.50
6	CASO DE CARGA COMBINADA 6	1	CARGA MORTA	1.50

		2	PRESSÃO DO SOLO	1.50
		3	CARGA DE ÁGUAS CINZENTAS	1.50
		4	SOBRECARGA	1.50

Resultados da verificação estática

L/C		FX kN	FY kN	FZ kN	MX kNm	MEU kNm	MZ kNm
1:CARGA MORTA	Cargas	0.000	-403.931	0.000	450.480	0.000	-1.34E+3
1:CARGA MORTA	Reacções	-0.000	403.931	0.000	-450.480	-0.000	1.34E+3
	Diferença	-0.000	0.000	0.000	0.000	-0.000	0.000
2:PRESSÃO DO SOLO	Cargas	0.000	-100.764	-0.000	112.352	0.000	-332.522
2:PRESSÃO DO SOLO	Reacções	-0.000	100.764	-0.000	-112.352	-0.000	332.522
	Diferença	-0.000	-0.000	-0.000	-0.000	0.000	-0.000
3:ÁGUA CINZA	Cargas	3.638	0.000	0.000	0.000	4.053	-2.194
3:ÁGUA CINZA	Reacções	-3.638	-0.000	0.000	0.000	-4.053	2.194
	Diferença	-0.000	-0.000	0.000	0.000	-0.000	0.000
4:SURCHARGE	Cargas	0.000	-73.590	0.000	82.053	0.000	-242.847
4:SURCHARGE	Reacções	-0.000	73.590	-0.000	-82.053	0.000	242.847
	Diferença	-0.000	-0.000	-0.000	0.000	0.000	-0.000

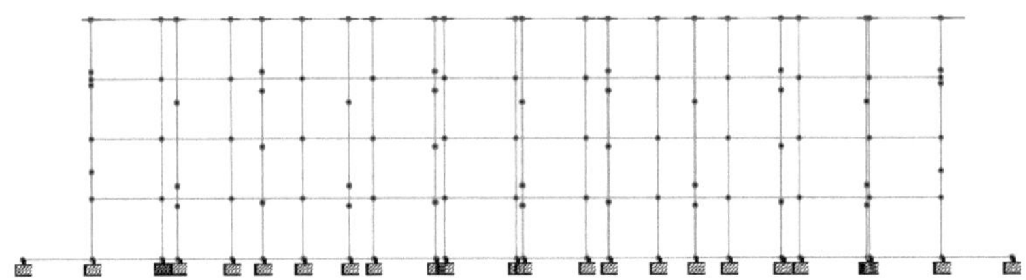

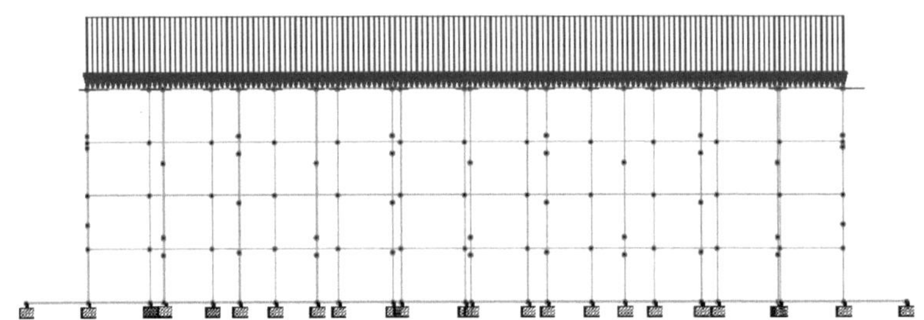

Fig. 3.1. Vista 3D renderizada, apoios e pressão do solo

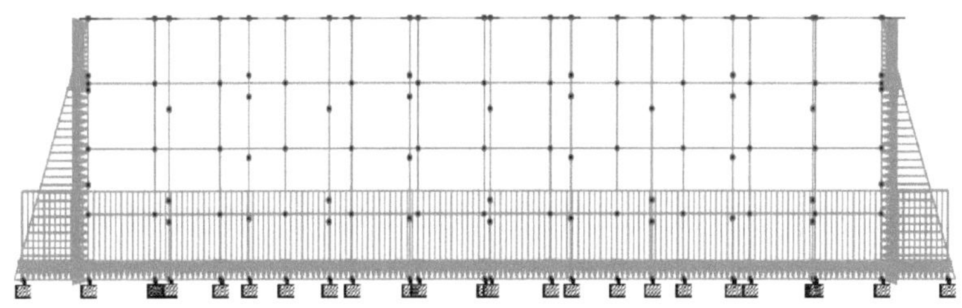

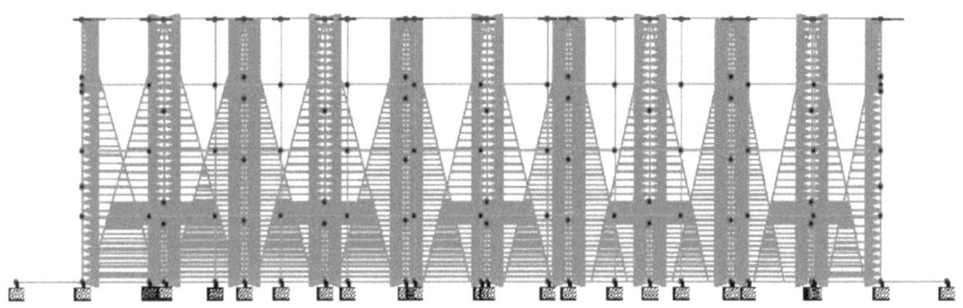

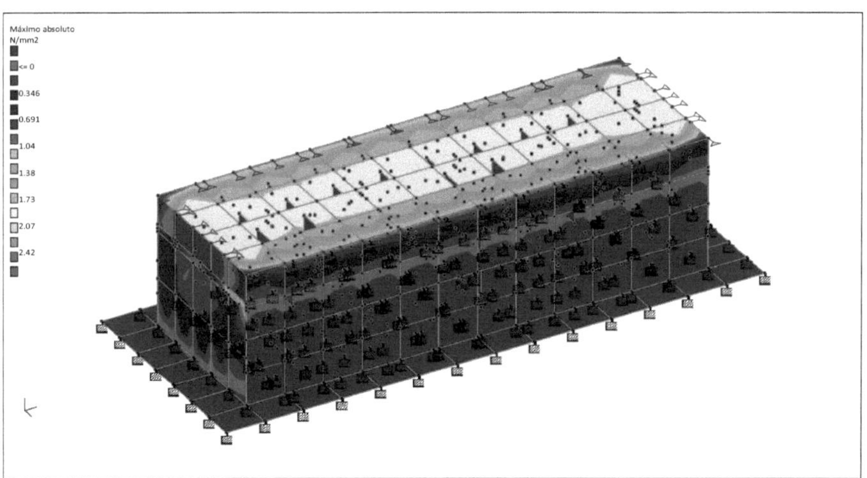

Fig. 3.2. Diagrama de distribuição da carga de água e das tensões

3.4. Análise e projeto de um tanque digestor de lamas subterrâneo

Grau dos materiais

Grau de betão	**M25**
Grau de aço	**FE415**

Espessura da placa

Prumo	Nó A (cm)	Nó B (cm)	Nó C (cm)	Nó D (cm)	Material
1	20.000	20.000	20.000	20.000	CONCRETO
2	15.000	15.000	15.000	15.000	CONCRETO
3	10.000	10.000	10.000	10.000	CONCRETO
4	15.000	15.000	15.000	15.000	CONCRETO

Materiais

Tapete	Nome	E (kN/mm)^2	ʋ	Densidade (kg/m)^3	α(/°C)
1	**AÇO**	205.000	0.300	7.83E+3	12E -6
2	**AÇO INOXIDÁVEL**	197.930	0.300	7.83E+3	18E -6
3	**ALUMÍNIO**	68.948	0.330	2.71E+3	23E -6
4	**CONCRETO**	21.718	0.170	2.4E+3	10E -6

Casos de carga básicos

Número	Nome
1	CARGA MORTA
2	PRESSÃO DO GÁS
4	CARGA DE LIXO
3	PRESSÃO DO SOLO
8	SOBREVIVÊNCIA

Casos de carga combinada

Pentear.	Combinação L/C Nome	Primário	Nome da L/C principal	Fator
5	CASO DE CARGA COMBINADA 5	1	CARGA MORTA	1.50
		3	PRESSÃO DO SOLO	1.50
		8	SOBREVIVÊNCIA	1.50
6	CASO DE CARGA COMBINADA 6	1	CARGA MORTA	1.50

		2	PRESSÃO DO GÁS	1.50
		4	CARGA DE LIXO	1.50
		3	PRESSÃO DO SOLO	1.50
		8	SOBREVIVÊNCIA	1.50

Resultados da verificação estática

L/C		FX kN	FY kN	FZ kN	MX kNm	MEU kNm	MZ kNm
1:CARGA MORTA	Cargas	0.000	-555.166	0.000	1.73E+3	0.000	-1.75E+3
1:CARGA MORTA	Reacções	-0.000	555.166	-0.000	-1.73E+3	-0.001	1.75E+3
	Diferença	-0.000	0.000	-0.000	-0.000	-0.001	0.001
2:PRESSÃO DO GÁS	Cargas	-0.293	78.420	4.765	-237.083	-23.997	122.739
2:PRESSÃO DO GÁS	Reacções	0.293	-78.420	-4.765	237.083	23.997	-122.739
	Diferença	0.000	0.000	0.000	-0.000	0.000	-0.000
4:CARGA DE LIXO	Cargas	36.333	-990.183	31.588	3.12E+3	-45.843	-3.1E+3
4:CARGA DE LIXO	Reacções	-36.333	990.183	-31.588	-3.12E+3	45.841	3.1E+3
	Diferença	-0.001	0.000	0.000	0.000	-0.002	0.001
3:PRESSÃO DO SOLO	Cargas	0.970	-379.642	-0.000	1.18E+3	0.228	-1.19E+3
3:PRESSÃO DO SOLO	Reacções	-0.970	379.642	-0.000	-1.18E+3	-0.228	1.19E+3
	Diferença	0.000	-0.000	-0.000	-0.000	0.001	-0.000
8:SURCHARGE	Cargas	0.000	-194.688	0.000	607.427	0.000	-607.427
8:SURCHARGE	Reacções	-0.001	194.688	-0.000	-607.427	-0.003	607.429
	Diferença	-0.001	0.000	-0.000	-0.000	-0.003	0.002

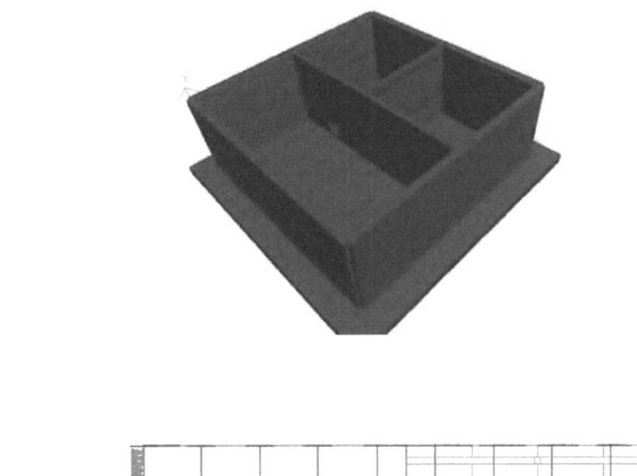

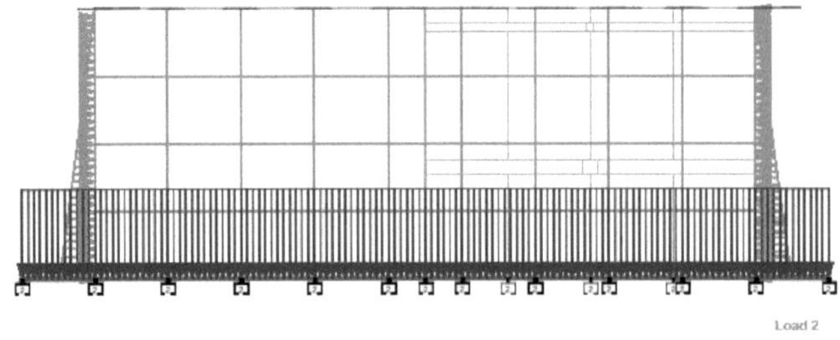

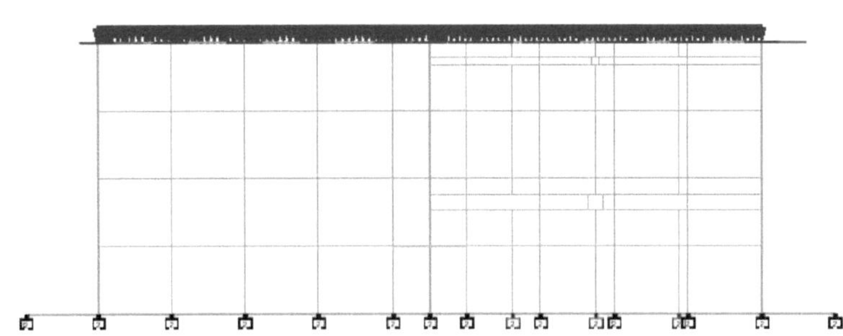

Fig. 3.3. Vista 3D renderizada, Pressão do solo, Diagrama de carga de sobrecarga

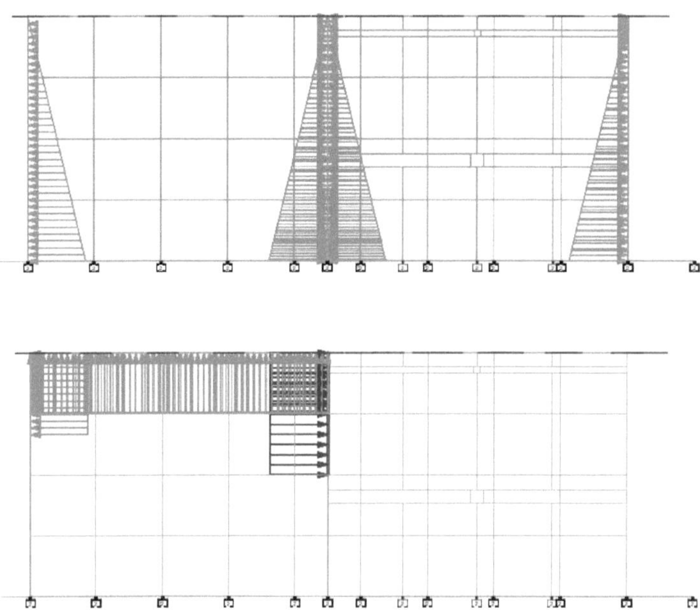

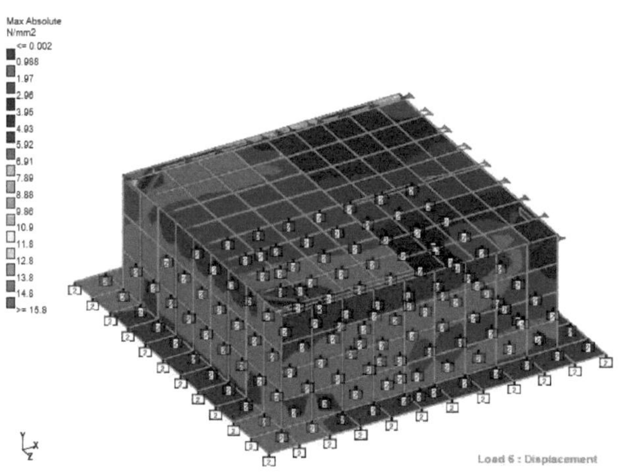

Fig. 3.4. Diagrama de distribuição da carga de água, da pressão do gás e das tensões

3.5. Análise e projeto de um reservatório de armazenagem subterrâneo

Grau dos materiais

Grau de betão	**M25**
Grau de aço	**FE415**

Espessura da placa

Prumo	Nó A (cm)	Nó B (cm)	Nó C (cm)	Nó D (cm)	Material
1	10.000	10.000	10.000	10.000	CONCRETO
2	20.000	20.000	20.000	20.000	CONCRETO
3	15.000	15.000	15.000	15.000	CONCRETO

Materiais

Tapete	Nome	E (kN/mm)^2	υ	Densidade (kg/m)^3	α(/°C)
1	**AÇO**	205.000	0.300	7.83E+3	12E -6
2	**AÇO INOXIDÁVEL**	197.930	0.300	7.83E+3	18E -6
3	**ALUMÍNIO**	68.948	0.330	2.71E+3	23E -6
4	**CONCRETO**	21.718	0.170	2.4E+3	10E -6

Casos de carga básicos

Número	Nome
1	CARGA MORTA
3	CARGA DE PRESSÃO DO SOLO
2	CARGA DE ÁGUA
4	SOBREVIVÊNCIA

Casos de carga combinada

Pentear.	Combinação L/C Nome	Primário	Nome da L/C principal	Fator
5	CASO DE CARGA COMBINADA 5	1	CARGA MORTA	1.50
		3	CARGA DE PRESSÃO DO SOLO	1.50
		4	SOBREVIVÊNCIA	1.50
6	CASO DE CARGA COMBINADA 6	1	CARGA MORTA	1.50
		3	CARGA DE PRESSÃO DO SOLO	1.50

		2	CARGA DE ÁGUA	1.50
		4	SOBREVIVÊNCIA	1.50

Resultados da verificação estática

L/C		FX kN	FY kN	FZ kN	MX kNm	MEU kNm	MZ kNm
1:CARGA MORTA	Cargas	0.000	- 413.016	0.000	1.13E+3	0.000	-1.13E+3
1:CARGA MORTA	Reacções	-0.000	413.016	0.000	-1.13E+3	0.000	1.13E+3
	Diferença	-0.000	-0.000	0.000	0.001	0.000	-0.000
3:PRESSÃO DO SOLO	Cargas	-0.000	- 354.162	0.000	966.862	-0.001	-966.861
3:PRESSÃO DO SOLO	Reacções	0.000	354.162	-0.000	-966.862	0.001	966.861
	Diferença	0.000	0.000	-0.000	-0.000	0.000	-0.000
2:CARGA DE ÁGUA	Cargas	0.000	- 542.571	-0.000	1.48E+3	0.001	-1.48E+3
2:CARGA DE ÁGUA	Reacções	-0.000	542.571	0.000	-1.48E+3	-0.002	1.48E+3
	Diferença	-0.000	-0.000	0.000	0.000	-0.000	0.000
4:SURCHARGE	Cargas	0.000	- 149.057	0.000	406.927	0.000	-406.927
4:SURCHARGE	Reacções	-0.000	149.057	0.000	-406.926	0.000	406.926
	Diferença	-0.000	-0.000	0.000	0.001	0.000	-0.000

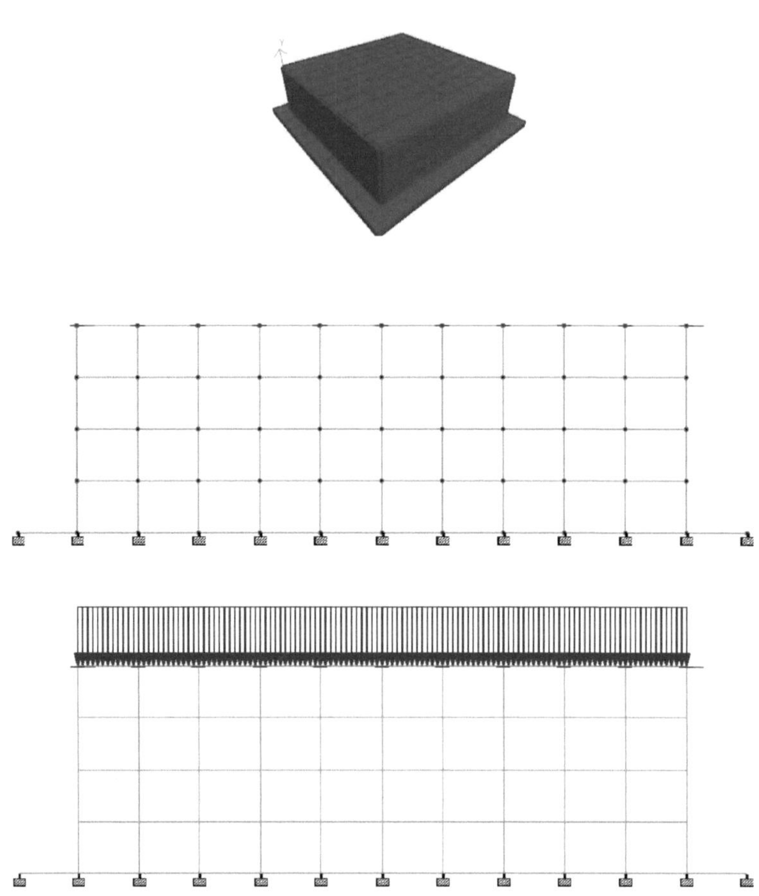

Fig. 3.5. Vista 3D renderizada, apoios e diagrama de carga de sobrecarga

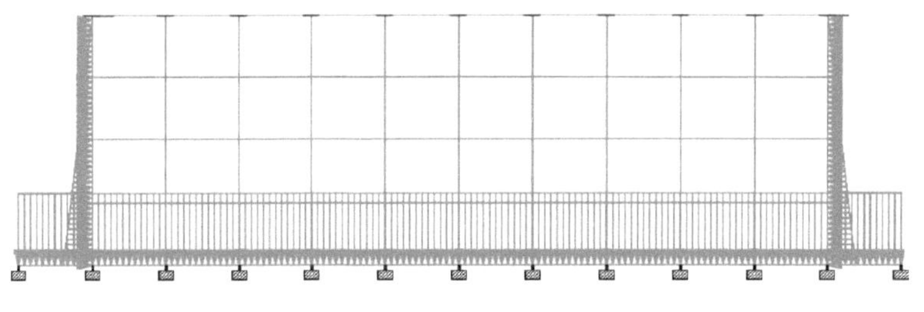

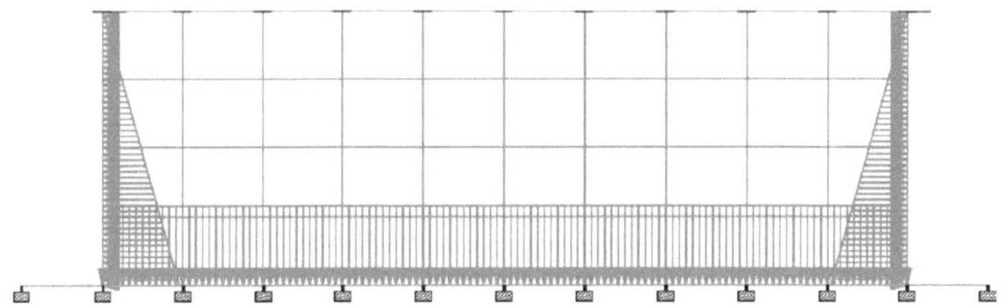

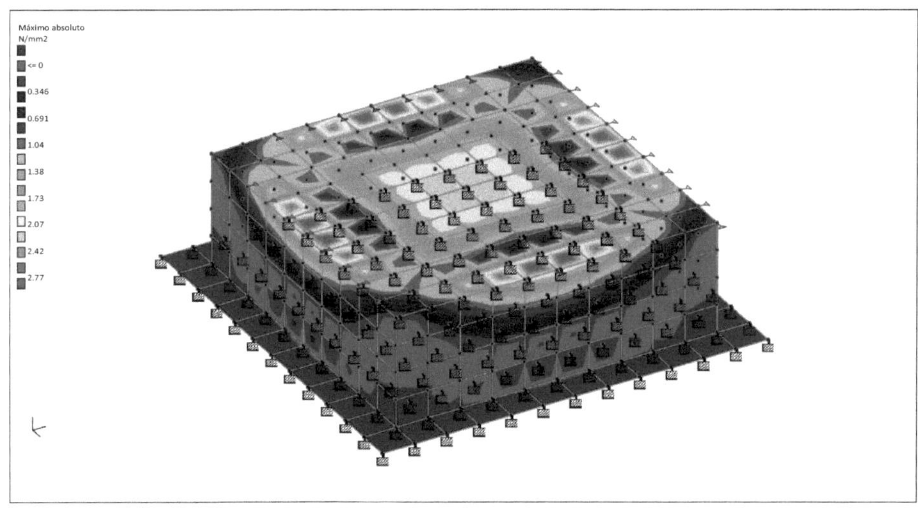

Fig. 3.6. Diagrama de distribuição da carga de água e das tensões

3.6. Análise e conceção do tanque de estabilização do pavimento

Grau dos materiais

Grau de betão	**M25**
Grau de aço	**FE415**

Espessura da placa

Pru mo	Nó A (cm)	Nó B (cm)	Nó C (cm)	Nó D (cm)	Material
1	20.000	20.000	20.000	20.000	CONCRETO
2	15.000	15.000	15.000	15.000	CONCRETO
3	10.000	10.000	10.000	10.000	CONCRETO

Materiais

Tap ete	Nome	E (kN/mm)^{2}	υ	Densidad e (kg/m)^{3}	α(/°C)
1	**AÇO**	205.000	0.300	7.83E+3	12E -6
2	**AÇO INOXIDÁVEL**	197.930	0.300	7.83E+3	18E -6
3	**ALUMÍNIO**	68.948	0.330	2.71E+3	23E -6
4	**CONCRETO**	21.718	0.170	2.4E+3	10E -6

Casos de carga básicos

Número	Nome
1	CARGA MORTA
2	ÁGUA CINZENTA

Casos de carga combinada

Pentea r.	Combinação L/C Nome	Primári o	Nome da L/C principal	Fator
3	COMBINAÇÃO DE CARGAS CASO 3	1	CARGA MORTA	1.50
		2	ÁGUA CINZENTA	1.50

Resultados da verificação estática

L/C		FX kN	FY kN	FZ kN	MX kNm	MEU kNm	MZ kNm
1:CARGA MORTA	Cargas	0.000	-388.106	0.000	411.497	0.000	-1.24E+3
1:CARGA MORTA	Reacções	0.000	388.106	-2.715	-415.669	8.553	1.24E+3
	Diferença	0.000	-0.000	-2.715	-4.172	8.553	-0.000
2:ÁGUA CINZA	Cargas	-3.866	0.000	0.000	0.000	-4.094	2.350
2:ÁGUA CINZA	Reacções	3.866	0.000	-0.000	-0.000	4.094	-2.350
	Diferença	0.000	0.000	-0.000	-0.000	0.000	-0.000

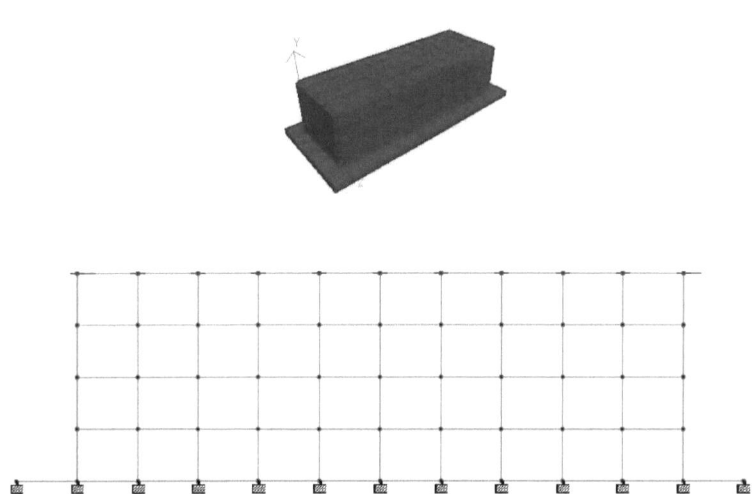

Fig. 3.7. Vista 3D renderizada e diagrama de suporte

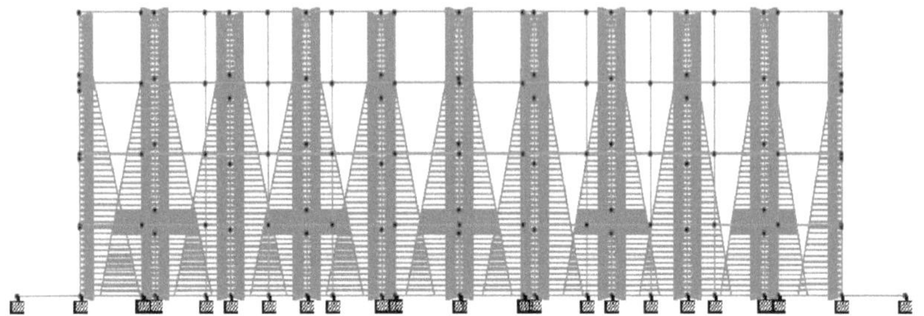

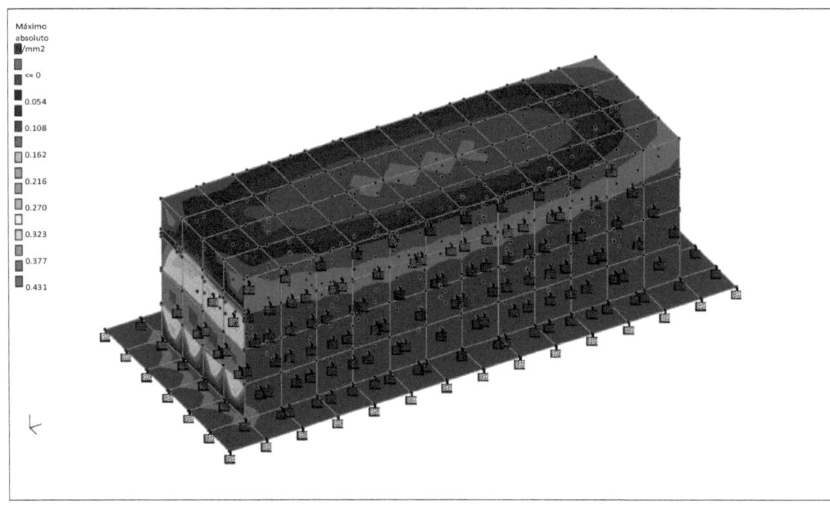

Fig. 3.8. Diagrama de distribuição da carga de água e das tensões

3.7. Análise e conceção do tanque digestor de pavimento

Grau dos materiais

Grau de betão	**M25**
Grau de aço	**FE415**

Espessura da placa

Prumo	Nó A (cm)	Nó B (cm)	Nó C (cm)	Nó D (cm)	Material
1	10.000	10.000	10.000	10.000	CONCRETO
2	15.000	15.000	15.000	15.000	CONCRETO
3	20.000	20.000	20.000	20.000	CONCRETO

Materiais

Tapete	Nome	E (kN/mm)^2	ʋ	Densidade (kg/m)^3	α(/°C)
1	**AÇO**	205.000	0.300	7.83E+3	12E -6
2	**AÇO INOXIDÁVEL**	197.930	0.300	7.83E+3	18E -6
3	**ALUMÍNIO**	68.948	0.330	2.71E+3	23E -6
4	**CONCRETO**	21.718	0.170	2.4E+3	10E -6

Casos de carga básicos

Número	Nome
1	CARGA MORTA
2	LIXO
3	PRESSÃO DO GÁS

Casos de carga combinada

Pentear.	Combinação L/C Nome	Primário	Nome da L/C principal	Fator
4	CASO DE CARGA COMBINADA 4	1	CARGA MORTA	1.50
		2	SLURRY	1.50
		3	PRESSÃO DO GÁS	1.50

Resultados da verificação estática

L/C		FX kN	FY kN	FZ kN	MX kNm	MEU kNm	MZ kNm
1:CARGA MORTA	Cargas	0.000	-464.814	0.000	1.28E+3	0.000	-1.29E+3
1:CARGA MORTA	Reacções	0.000	464.814	-0.000	-1.28E+3	0.000	1.29E+3
	Diferença	0.000	0.000	-0.000	-0.000	0.000	-0.000
2:SLURRY	Cargas	-0.677	-770.771	3.985	2.13E+3	- 6.487	-2.12E+3
2:SLURRY	Reacções	0.677	770.771	-3.985	-2.13E+3	6.487	2.12E+3
	Diferença	0.000	-0.000	0.000	0.000	0.000	-0.000
3:PRESSÃO DO GÁS	Cargas	2.579	78.801	0.000	-216.704	3.546	105.064
3:PRESSÃO DO GÁS	Reacções	-2.579	-78.801	-0.000	216.704	- 3.546	-105.064
	Diferença	-0.000	-0.000	-0.000	0.000	- 0.000	0.000

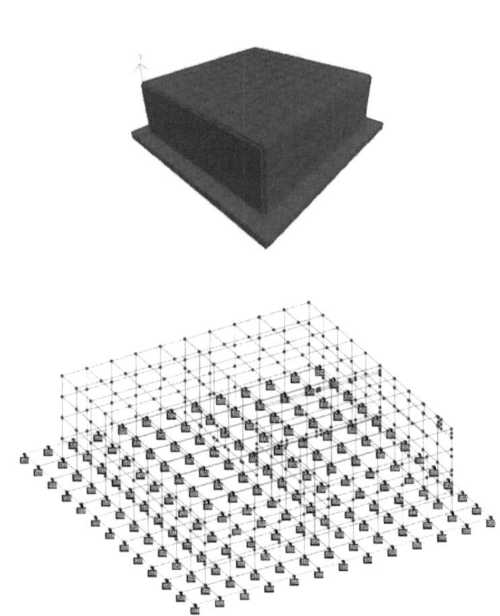

Fig. 3.9. Vista 3D renderizada e diagrama de suporte

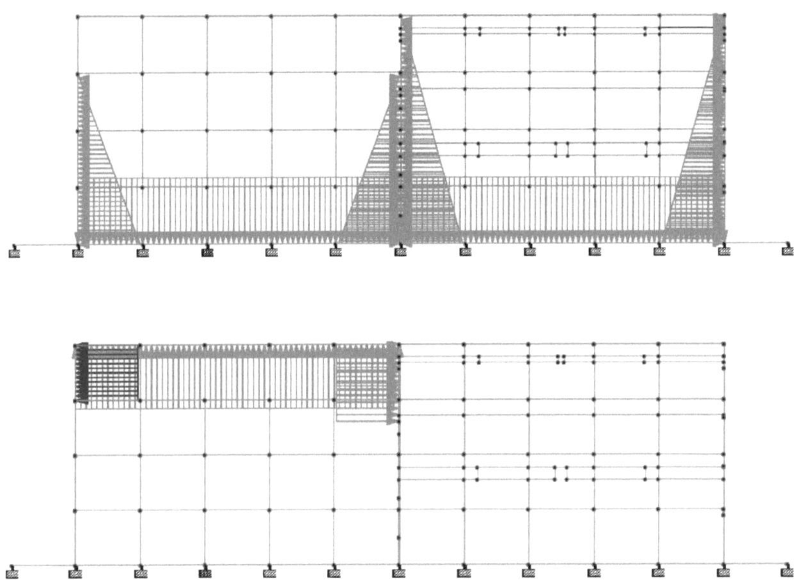

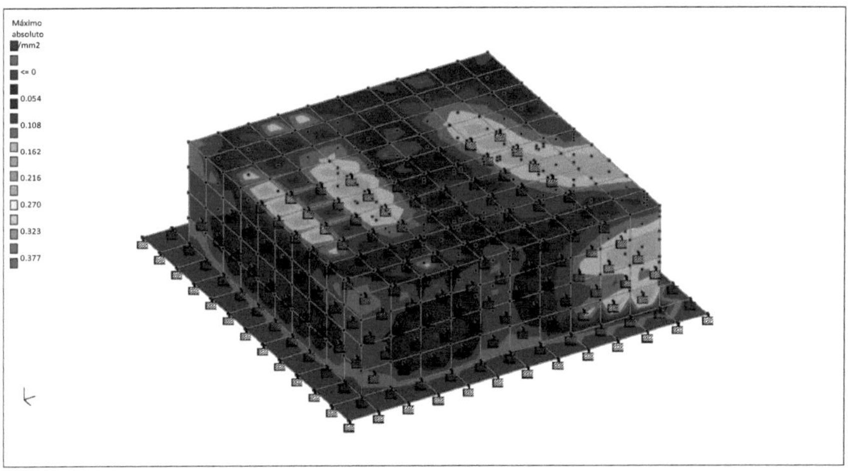

Fig. 3.10. Diagrama de distribuição da carga de água, da pressão do gás e das tensões

3.8. Análise e projeto de um reservatório de armazenagem no solo

Grau dos materiais

Grau de betão	**M25**
Grau de aço	**FE415**

Espessura da placa

Prumo	Nó A (cm)	Nó B (cm)	Nó C (cm)	Nó D (cm)	Material
1	15.000	15.000	15.000	15.000	CONCRETO
2	20.000	20.000	20.000	20.000	CONCRETO
3	10.000	10.000	10.000	10.000	CONCRETO

Materiais

Tapete	Nome	E (kN/mm)^2	υ	Densidade (kg/m)^3	α(/°C)
1	**AÇO**	205.000	0.300	7.83E+3	12E -6
2	**AÇO INOXIDÁVEL**	197.930	0.300	7.83E+3	18E -6
3	**ALUMÍNIO**	68.948	0.330	2.71E+3	23E -6
4	**CONCRETO**	21.718	0.170	2.4E+3	10E -6

Casos de carga básicos

Número	Nome
1	CARGA MORTA
2	CARGA DE ÁGUA

Casos de carga combinada

Pentear.	Combinação L/C Nome	Primário	Nome da L/C principal	Fator
3	COMBINAÇÃO DE CARGAS CASO 3	1	CARGA MORTA	1.50
		2	CARGA DE ÁGUA	1.50

Resultados da verificação estática

L/C		FX kN	FY kN	FZ kN	MX kNm	MEU kNm	MZ kNm
1:CARGA MORTA	Cargas	0.000	-182.911	0.000	283.512	0.000	-283.512
1:CARGA MORTA	Reacções	-0.000	182.911	0.000	-283.512	-0.000	283.512
	Diferença	-0.000	0.000	0.000	0.000	-0.000	0.000
2:CARGA DE ÁGUA	Cargas	0.000	0.000	-0.000	-0.000	0.000	-0.000
2:CARGA DE ÁGUA	Reacções	-0.000	-0.000	0.000	0.000	-0.000	0.000
	Diferença	-0.000	-0.000	0.000	0.000	-0.000	0.000

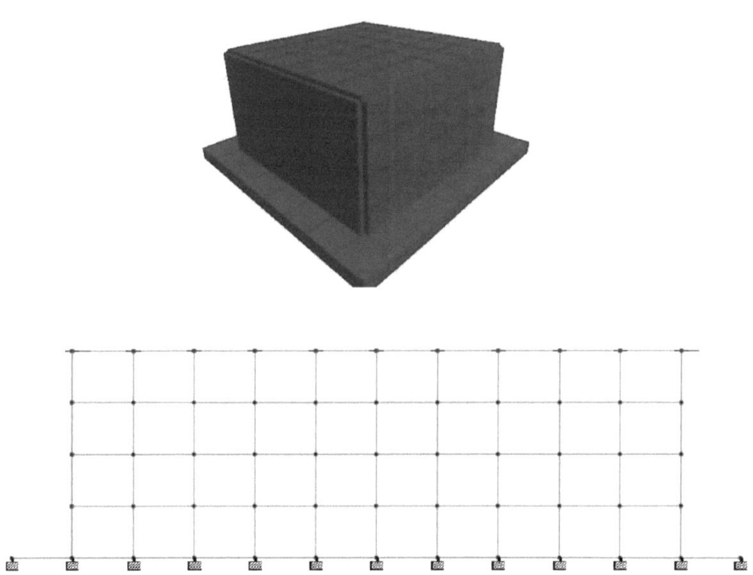

Fig. 3.11. Vista 3D renderizada e diagrama de suporte

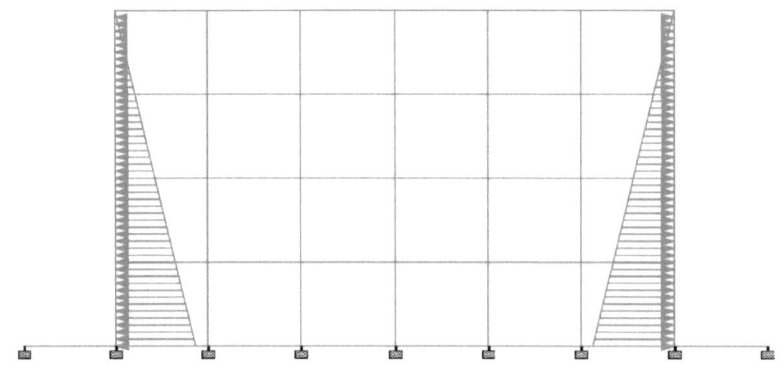

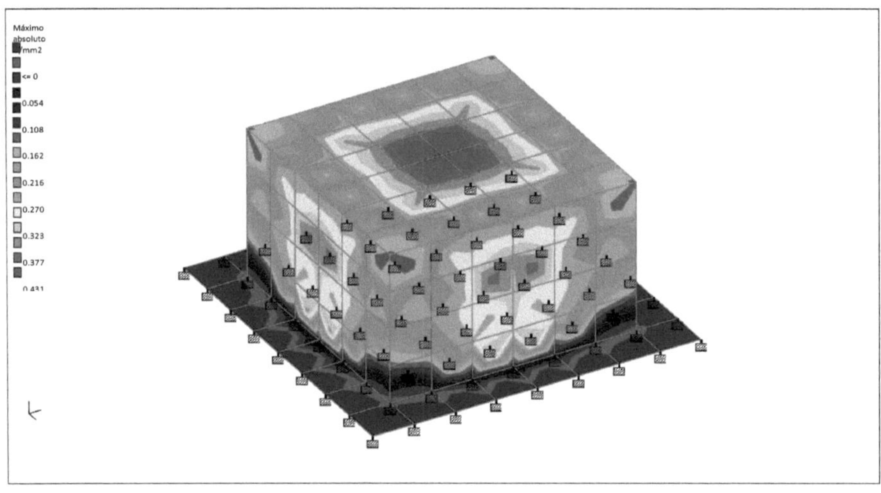

Fig. 3.12. Diagrama de distribuição da carga de água e das tensões

CAPÍTULO 4
MODELAÇÃO 3D DO SISTEMA DOSIWAM COM SOFTWARE

4.1. Introdução de software

- Nome do software - Autodesk Revit Architecture
- Versão - 2016
- Informação - Fornece aos arquitectos e engenheiros a ferramenta de que necessitam para desenvolver projectos de arquitetura precisos e de maior qualidade. É largamente utilizado como parte de estruturas de modelação. Acompanha um ambiente de modelação adaptável, funcionalidades avançadas e uma colaboração de dados sem problemas. As ferramentas e funcionalidades que compõem o Revit Architecture foram especificamente concebidas para apoiar os fluxos de trabalho de modelação de informações de construção (BIM).

4.2. Objetivo da modelação 3D com software

1. Criar modelos realistas e exactos de todo o sistema DOSIWAM.
2. Para dar uma imagem mais realista de um modelo que, de resto, é muito esquemático.
3. Para fornecer informações pormenorizadas sobre todas as especificações do sistema.
4. A afetação eficaz do sistema no subsolo e no piso pode ser feita utilizando a modelação 3D.
5. Para ter uma ideia real da estimativa pormenorizada de todo o sistema.
6. A distribuição do pavimento de refúgio pode ser conhecida.

4.3. Modelação 3D da distribuição do pavimento do Refúgio

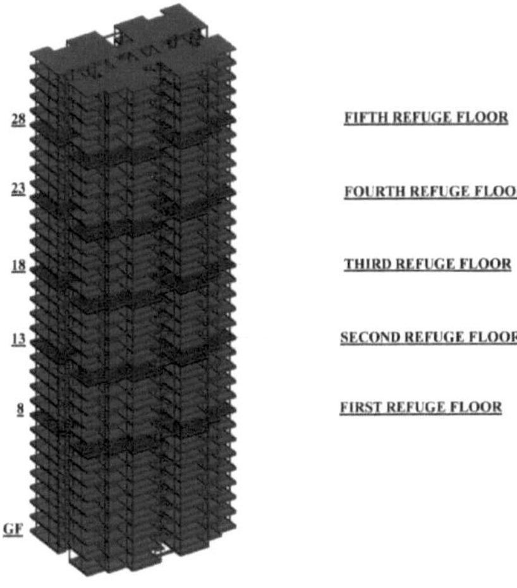

Fig. 4.1. Modelo de distribuição de pisos de refúgio

4.4. Modelação 3D do tanque de estabilização

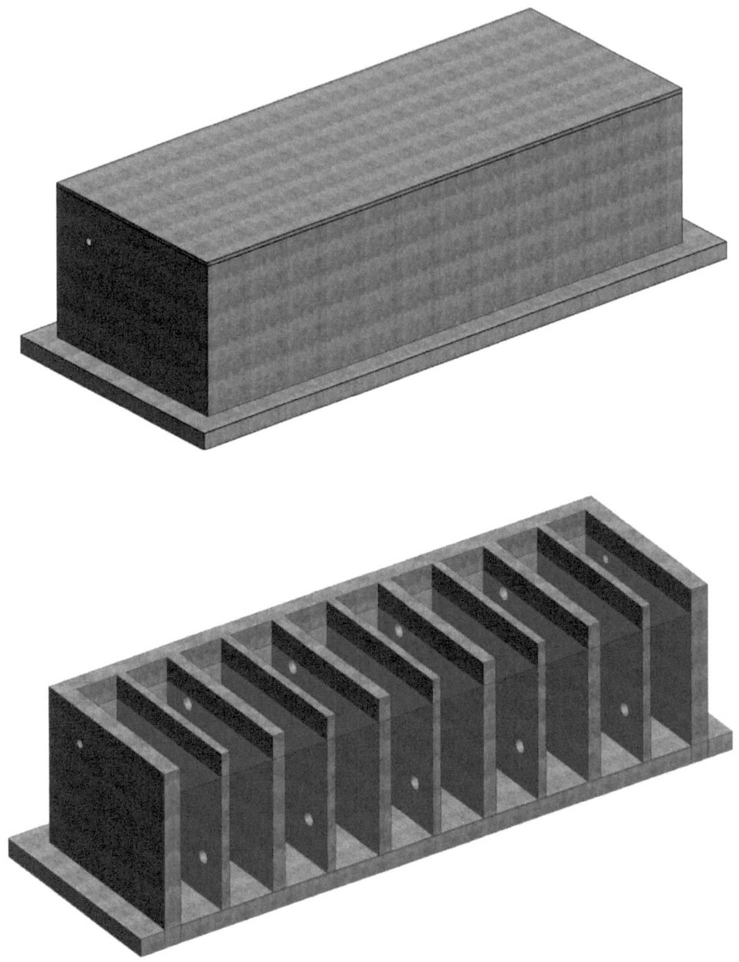

Fig. 4.2. Modelo do tanque de estabilização

4.5. Modelação 3D do tanque digestor de lamas

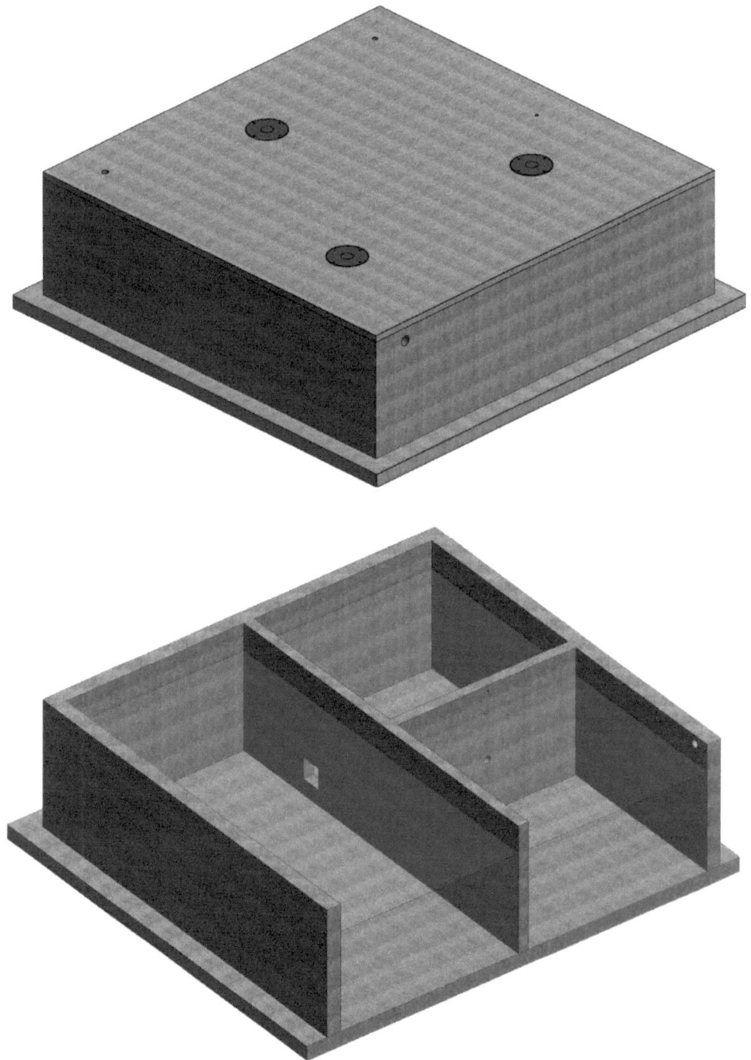

Fig. 4.3. Modelo de tanque digestor de lamas

4.5. Modelação 3D do depósito de armazenamento

Fig. 4.4. Modelo do depósito de armazenamento

CAPÍTULO 5
ATRIBUIÇÃO EFECTIVA DO SISTEMA DOSIWAM NOS PISOS DE REFÚGIO

5.1. Normas da área de refúgio

De acordo com as regras de controlo do desenvolvimento das empresas municipais das classes A, B, C e D,

1. Para os edifícios com mais de 24 m de altura, deve ser prevista uma área de refúgio de 15 m2 ou uma área equivalente a 0,3 m2 por pessoa para acolher os ocupantes de dois andares consecutivos, consoante o que for mais elevado.
2. A zona de refúgio deve estar situada na periferia do pavimento ou, de preferência, numa saliência em consola, aberta ao ar, pelo menos num dos lados, e protegida por grades adequadas.

5.2. Cálculo da área de refúgio

1. Área total do piso - **7000** pés quadrados
2. Área de um apartamento - **1500** pés quadrados
3. Área total de refúgio necessária - **258,334** pés quadrados
4. Área total da passagem - **1000** pés quadrados
5. Área total disponível para a instalação do sistema
   = 7000 - 1000 - 258.34
   = **5741,66** pés quadrados
   = **533,41** m2

5.3. Afetação efectiva do sistema DOSIWAM

O sistema DOSIWAM de pavimento é composto por

1. Tanques de estabilização - **3** no.
2. Tanques digestores de lamas - **3** no.
3. Tanques de armazenamento - **3** no.

A atribuição efectiva é feita de acordo com as normas da área de refúgio e as cargas em toda a estrutura. O espaço necessário da área de refúgio é mantido vago durante a afetação do sistema aos pisos. Esta estrutura é analisada em relação às condições de carga e é considerada estaticamente estável.

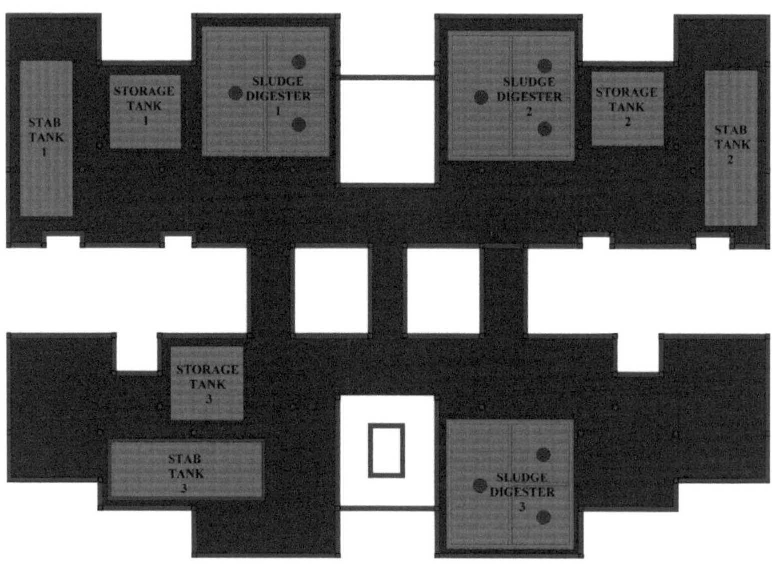

Fig. 5.1 Plano de afetação eficaz do sistema

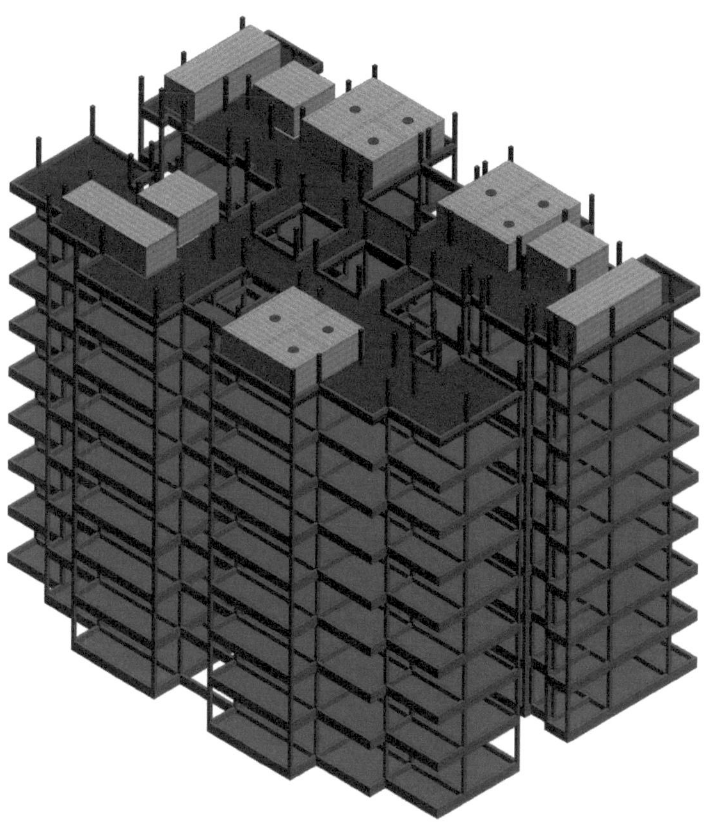

Fig. 5.2 Modelo de atribuição efectiva do sistema

CAPÍTULO 6
ESTIMATIVA DO SISTEMA DOSIWAM POR SOFTWARE

6.1. Introdução de software

- Nome do software - Autodesk Quantity takeoff
- Versão - 2013
- Informação - Autodesk quantity takeoff é um software de estimativa de custos que ajuda a tornar o cálculo de custos de materiais mais rápido, mais fácil e mais preciso. É amplamente utilizado como parte da estimativa de custos da estrutura. Pode criar vistas de projeto sincronizadas e abrangentes que combinam informações importantes de ferramentas BIM, como o Revit Architecture. Mede automaticamente ou manualmente as áreas e conta os componentes do edifício.

6.2. Objetivo da estimativa

1. Calcular o custo total necessário para a construção e instalação do sistema DOSIWAM num edifício alto.
2. Elaborar as quantidades de materiais necessários para a realização dos trabalhos de construção.
3. Conhecer o custo pormenorizado dos equipamentos, ferramentas e máquinas necessários para a construção.

6.3. Estimativa do sistema DOSIWAM subterrâneo

Para um tanque de estabilização,

PEP	DESCRIÇÃO	CUSTO DO MATERIAL		QTY1	QTY 2	CUSTO TOTAL No RS
		CUSTO UNITÁRIO No RS	CUSTO TOTAL No RS			
Limpeza do local	Limpeza do sítio	1000	1000	1		1000
Escavação	Escavação e enchimento	758	33162.5	43.75m3		33162.5
Materiais						
Agregado	Agregado grosso	600	5532.70	9.221m3		5532.70
Cimento	Cimento OPC	360	33196.19	3.074m3	92.212ea	33196.19
Agregado	Agregado fino	1600	7376.93	4.610m3		7376.93
Aço	FE415	40	37155	0.118m3	928,87 kg	37155
Custo total					**117423.32/-**	

Tabela 3. Folha de resumo do tanque de estabilização subterrâneo

Encargos adicionais -

CARGOS	DESCRIÇÃO	CUSTO TOTAL EM Rs
Encargos laborais	$1505/m^3$	25442.02
Taxas de água	1,5% custo total	2144.48
Lucro dos contratantes	10% do custo total	14296.5
	Custo total	**159306.32/-**

Para um total de 4 tanques de estabilização -

CUSTO TOTAL - 637225,28 Rs.

Para um tanque de digestor de lamas

Quadro 4. Folha de resumo do tanque digestor de lamas subterrâneo

PEP	DESCRIÇÃO	CUSTO DO MATERIAL		QTY1	QTY 2	CUSTO TOTAL No RS
		CUSTO UNITÁRIO No RS	CUSTO TOTAL No RS			
Limpeza do local	Limpeza do sítio	1000	1000	1		1000
Escavação	Escavação e enchimento	758	68732.25	$90.67m^3$		68732.25
Materiais						
Agregado	Agregado grosso	600	8753.16	$14.589m^3$		8753.16
Cimento	Cimento OPC	360	52518.99	$4.863m^3$	145,85ea	52518.99
Agregado	Agregado fino	1600	11670.89	$7.294m^3$		11670.89
Aço	FE415	40	58787.7	$0.187m^3$	1469,6 kg	58787.7
Custo total					**201463/-**	

Encargos adicionais -

CARGOS	DESCRIÇÃO	CUSTO TOTAL EM Rs
Encargos laborais	1505/m^3	35826
Taxas de água	1,5% custo total	3559.33
Lucro dos contratantes	10% do custo total	23228.9
	Custo total	**259077.23/-**

Para um total de 4 tanques de digestores de lamas -

CUSTO TOTAL - Rs. 1036308.92/-

Para um depósito de armazenamento,

Tabela 5. Ficha de resumo do reservatório de armazenagem subterrâneo

PEP	DESCRIÇÃO	CUSTO DO MATERIAL		QTY1	QTY 2	CUSTO TOTAL No RS
		CUSTO UNITÁRIO No RS	CUSTO TOTAL No RS			
Limpeza do local	Limpeza do sítio	1000	1000	1		1000
Escavação	Escavação e enchimento	758	17055	22.5m^3		21891
Materiais						
Agregado	Agregado grosso	600	3325.82	5.543m^3		3325.82
Cimento	Cimento OPC	360	19955	1.847m^3	55.430ea	19955
Agregado	Agregado fino	1600	4434.42	2.772m^3		4434.42
Aço	FE415	40	22336.55	0.072m^3	558,41 kg	22336.55
Custo total					**72942.6/-**	

Encargos adicionais -

CARGOS	DESCRIÇÃO	CUSTO TOTAL EM Rs
Encargos laborais	1505/m^3	15293.8
Taxas de água	1,5% custo total	1323.54

Lucro dos contratantes	10% do custo total	8823.64
	Custo total	**98384/-**

Para um total de 3 reservatórios de armazenagem -

CUSTO TOTAL - Rs 2,95,152 /-

Custo total do sistema DOSIWAM subterrâneo - Rs. 19,90,650.05/-

6.4. Estimativa do sistema Floor DOSIWAM

Para um tanque de estabilização

Tabela 6. Folha de resumo do tanque de estabilização do pavimento

PEP	DESCRIÇÃO	CUSTO DO MATERIAL		QTY1	QTY 2	CUSTO TOTAL No RS
		CUSTO UNITÁRIO No RS	CUSTO TOTAL No RS			
Materiais						
Agregado	Agregado grosso	600	4950.36	8.251m³		4950.36
Cimento	Cimento OPC	360	29702.16	2.750m³	82.506ea	29702.16
Agregado	Agregado fino	1600	6600.48	4.126m³		6600.48
Aço	FE415	40	33249.14	0.105m³	831,22 kg	33249.14
Custo total					**74502.14/-**	

Encargos adicionais -

CARGOS	DESCRIÇÃO	CUSTO TOTAL EM Rs
Encargos laborais	$1505/m^3$	21534.02
Taxas de água	1,5% custo total	1440.54
Lucro dos contratantes	10% do custo total	9603.61
	Custo total	**107080.31/-**

Para um total de 15 tanques de estabilização -

CUSTO TOTAL - 1606204,68/- Rs.

Para um tanque de digestor de lamas

Quadro 7. Folha de resumo do tanque digestor de lamas de pavimento

PEP	DESCRIÇÃO	CUSTO DO MATERIAL		QTY1	QTY 2	CUSTO TOTAL No RS
		CUSTO UNITÁRIO No RS	CUSTO TOTAL No RS			
Materiais						
Agregado	Agregado grosso	600	6426.21	10.710m3		6426.21
Cimento	Cimento OPC	360	38557.28	$3.570m^3$	107,10ea	38557.28
Agregado	Agregado fino	1600	8568.28	$5.356m^3$		8568.28
Aço	FE415	40	43160	$0.137m^3$	1079kg	43160
Custo total					**96711.69/-**	

Encargos adicionais -

CARGOS	DESCRIÇÃO	CUSTO TOTAL EM Rs
Encargos laborais	$1505/m^3$	29743.315
Taxas de água	1,5% custo total	1896.82
Lucro dos contratantes	10% do custo total	12645.50
	Custo total	**140997.32/-**

Para um total de 15 tanques de digestores de lamas -

CUSTO TOTAL - 2114960 Rs.

Para um depósito de armazenamento

Tabela 7. Folha de resumo do tanque de armazenamento no solo

PEP	DESCRIÇÃO	CUSTO DO MATERIAL		QTY1	QTY 2	CUSTO TOTAL No RS
		CUSTO UNITÁRIO No RS	CUSTO TOTAL No RS			
Materiais						
Agregado	Agregado grosso	600	2252	3.753m^3		2252
Cimento	Cimento OPC	360	13511.42	1.251m^3	37,53ea	13511.42
Agregado	Agregado fino	1600	3002.54	1.877m^3		3002.54
Aço	FE415	40	15124.03	0.047m^3	378,10 kg	15124.03
Custo total					**33890/-**	

Encargos adicionais -

CARGOS	DESCRIÇÃO	CUSTO TOTAL EM Rs
Encargos laborais	1505/m^3	10356
Taxas de água	1,5% custo total	663.69
Lucro dos contratantes	10% do custo total	4424.6
	Custo total	**49334.29/-**

Para um total de 15 Reservatórios de armazenagem -

CUSTO TOTAL - 7,40,014.35/

Custo total do sistema DOSIWAM - Rs. 44,61,169/-

Custo total estimado do sistema DOSIWAM = 19,90,650+44,61,169

CUSTO ESTIMADO= RS. 64,51,819/-

CAPÍTULO 7
RESULTADOS E CONCLUSÕES

7.1. Resultados

1. Os cálculos da área de refúgio foram efectuados para a distribuição real do piso de refúgio.
2. Após a conceção manual do sistema DOSIWAM, foram determinadas as dimensões exactas, as capacidades dos reservatórios, etc.
3. As cargas, as condições de apoio e as propriedades foram atribuídas aos modelos formados no software e a análise foi efectuada, tendo os resultados sido isentos de erros.
4. Foi preparado um modelo 3D para obter informações pormenorizadas sobre todas as especificações do sistema.
5. A instalação de reservatórios nos pisos de refúgio é feita através da atribuição eficaz de posições com software.
6. Os resultados da estimativa total concentram-se claramente nas quantidades necessárias de materiais e custos para a construção e instalação do DOSIWAM.

7.2. Conclusões

1. O sistema DOSIWAM é concebido de acordo com o tratamento de águas residuais proposto.
2. Os resultados obtidos da análise ajudaram-nos a determinar o comportamento estrutural do sistema DOSIWAM, que se revelou estruturalmente estável.
3. O novo conceito de pavimento ambiental é introduzido por este projeto.
4. A modelação 3D dá-nos uma ideia real das especificações do tanque de uma forma mais realista do que um modelo esquemático.
5. Os resultados sobre a afetação efectiva ajudam-nos a determinar a eficácia com que o sistema pode ser instalado no piso ambiental sem perturbar o comportamento estrutural do edifício.
6. Os resultados da estimativa mostram-nos o investimento necessário para instalar o DOSIWAM numa estrutura de grande altura
7. O resultado conclui clara e inequivocamente se a aplicação deste sistema é benéfica ou não.

BIBLIOGRAFIA

1) S. V. Mapuskar, Malaprabha biogas plant: new design for recovery of biogas from latrine, Jyostna Arogya Prabodhan, Pune, India, pp. 1-40, 1988.

2) Boletim MPCB, Conselho de Controlo da Poluição de Maharashtra, Departamento do Ambiente, Governo de Maharashtra, Índia, 2016. Disponível em: https://www.mpcb.gov.in.

3) S. V. Dewalkar, S. S. Shastri, Avaliação ambiental e económica do sistema proposto de gestão de águas residuais no local em edifícios residenciais de vários andares, Water Sci.& Technol. 82 (2020) 3003-3016. https://doi.org/10.2166/wst.2020.548.

4) Antony. P. Pallan, Dr. S. Antony Raja, Dr. C. G. Varma, "Condição operacional e digestão anaeróbica e sua otimização para aumentar a produção de biogás.", Revista internacional de publicação científica e de pesquisa Volume 7, Edição 7, julho de 2017.

5) S. V. Dewalkar, S. S. Shastri, Avaliação Integrada do Ciclo de Vida e Avaliação do Custo do Ciclo de Vida baseada na abordagem de tomada de decisão multicritério fuzzy para a seleção de um sistema adequado de tratamento de águas residuais, Water Process Engg, Volume 45, fevereiro de 2022, 102476.

6) S. V. Dewalkar, S. S. Shastri, Fornecimento de unidades de tratamento de águas residuais no local por fases em pisos ambientais de edifícios de vários andares com viabilidade hidráulica e estrutural. Jornal Internacional de Tecnologia e Engenharia Recentes, 2020, 8 (5): 4488-93.

7) Issar Kapadia, Purav Patel, Nilesh Dholiya, Nikunj Patel, "Design analysis and comparison of underground retangular water tank by STAADPROVI8 software", IJSDR Volume 2, Issue 1, janeiro de 2017.

8) DCPR para as normas dos conselhos municipais das classes A, B, C e D.

9) Antony. P. Pallan, Dr. S. Antony Raja, Dr. C. G. Varma, "Condição operacional e digestão anaeróbica e sua otimização para aumentar a produção de biogás.", Revista internacional de publicação científica e de pesquisa Volume 7, Edição 7, julho de 2017

10) Sr. Priyank Shah, Dr. V.M. Patel, Patel Dhrumit, Patel Brijesh "Gestão de Resíduos Sólidos e Líquidos em Áreas Rurais", Revista Internacional de Investigação Inovadora em Ciência e Tecnologia. Volume 1, Número 12 , maio de 2015 .

yes

I want morebooks!

Buy your books fast and straightforward online - at one of world's fastest growing online book stores! Environmentally sound due to Print-on-Demand technologies.

Buy your books online at
www.morebooks.shop

Compre os seus livros mais rápido e diretamente na internet, em uma das livrarias on-line com o maior crescimento no mundo! Produção que protege o meio ambiente através das tecnologias de impressão sob demanda.

Compre os seus livros on-line em
www.morebooks.shop

info@omniscriptum.com
www.omniscriptum.com

Printed by Books on Demand GmbH, Norderstedt / Germany